筑境
中国精致建筑100

青海同仁藏传佛教寺院

李力 撰文 李力 摄影

中国建筑工业出版社

出版说明

中国是一个地大物博、历史悠久的文明古国。自历史的脚步迈入新世纪大门以来，她越来越成为世人瞩目的焦点，正不断向世人绽放她历史上曾具有的魅力和光辉异彩。当代中国的经济腾飞、古代中国的文化瑰宝，都已成了世人热衷研究和深入了解的课题。

作为国家级科技出版单位——中国建筑工业出版社60年来始终以弘扬和传承中华民族优秀的建筑文化，推动和传播中国建筑技术进步与发展，向世界介绍和展示中国从古至今的建设成就为己任，并用行动践行着“弘扬中华文化，增强中华文化国际影响力”的使命。从20世纪80年代开始，中国建筑工业出版社就非常重视与海内外同仁进行建筑文化交流与合作，并策划、组织编撰、出版了一系列反映我中华传统建筑风貌的学术画册和学术著作，并在海内外产生了重大影响。

“中国精致建筑100”是中国建筑工业出版社与台湾锦绣出版事业股份有限公司策划，由中国建筑工业出版社组织国内百余位专家学者和摄影专家不惮繁杂，对遍布全国有历史意义的、有代表性的传统建筑进行认真考察和潜心研究，并按建筑思想、建筑元素、宫殿建筑、礼制建筑、宗教建筑、古城镇、古村落、民居建筑、陵墓建筑、园林建筑、书院与会馆等建筑专题与类别，历经数年系统科学地梳理、编撰而成。本套图书按专题分册，就其历史背景、建筑风格、建筑特征、建筑文化，结合精美图照和线图撰写。全套100册、文约200万字、图照6000余幅。

这套图书内容精练、文字通俗、图文并茂、设计考究，是适合海内外读者轻松阅读、便于携带的专业与文化并蓄的普及性读物。目的是让更多的热爱中华文化的人，更全面地欣赏和认识中国传统建筑特有的丰姿、独特的设计手法、精湛的建造技艺，及其绝妙的细部处理，并为世界建筑界记录下可资回味的建筑文化遗产，为海内外读者打开一扇建筑知识和艺术的大门。

这套图书将以中、英文两种文版推出，可供广大中外古建筑之研究者、爱好者、旅游者阅读和珍藏。

目录

青海同仁藏传佛教寺院

青海省的黄南藏族自治州，地处青藏高原和黄土高原的接合部，平均海拔1700米。地域偏僻，风光绮丽。那里既有绵延的山峦，奔流的江河，又有莽莽的草原。瑰丽的自然景色，异域的民俗风情和众多充满民族特色、金碧辉煌的藏传佛教寺院，会给每一位到过那里的人们留下难以忘怀的印象。黄南藏族自治州，州政府的所在地隆务镇，属同仁县，是全州佛寺最为集中的地方。在同仁，藏传佛教寺院不但是虔诚的信徒们心中的圣地和精神寄托的所在，而且高大宏伟的庙宇建筑与绚丽多彩的佛教艺术，还为同仁的山光水色增添了几分诱人的宗教色彩。

一、藏传佛寺的文化背景

黄南的同仁地区，秦汉时期称大小榆谷，是古代烧当羌的居地。晋时为吐谷浑控制，唐代吐蕃并吞吐谷浑，逐成吐蕃属地。元朝统一西藏后，归必里万户府管辖。明改必里万户为必里千户，后又升格为必里卫指挥佥事。明代宣德年间，当地的宗教领袖、隆务寺的罗哲森格被宣宗皇帝封为“国师”，此后必里指挥佥事势衰，被隆务系统的宗教首领取而代之。清代以来，这一地区一直在隆务寺系统的夏日仓活佛领导之下，实行区域性的政教合一统治。民国以后，始置同仁县。

同仁县是农区与牧区的交界处，过去有12个大部族生活聚居在这里，人口80%以上是藏族和土族，藏传佛教在这一地区非常盛行。这里不仅藏传佛教寺院众多，就连普通百姓的家中也多设有佛堂，门首立嘛呢杆（经幡），院内置敬佛的煨桑炉（焚烧炉）。信佛者还大都佩戴一种叫作“尚科”的护身符，以祛邪护身。

图1-1 隆务寺大经堂
隆务寺的大经堂由一世夏日仓活佛创建于明万历年间，后经数次重修。现在的大经堂建筑面积1700平方米，二层，正方形。后部的佛堂内供有高达十余米的宗喀巴塑像，是隆务寺中最大的建筑。

图1-2 隆务寺转经堂及护法神殿

转经堂与护法神殿连建在一起，坐落在隆务寺东北部的隆务河畔。转经堂内有一个巨大的转经筒，两侧设有装置着众多转经筒的廊房。护法神殿内供有隆务寺的护法神不动明王。

图1-3 年都乎寺弥勒殿内佛像

年都乎寺的佛殿，当地俗称弥勒殿。殿内的主尊是一座镀金的泥塑菩萨装弥勒像，高达12米，塑工精美，富丽堂皇。

实际上，早在11世纪前后，同仁地区就已经有藏传佛教宁玛派（俗称红教）的僧人进行宗教活动了。元代初年，河州元帅仲哇帕巴龙树，曾在隆务河畔利用原有的一座小寺，修建了萨迦派（俗称花教）佛寺，进一步加强了藏传佛教在这一地区的影响。此后，西藏的拉杰扎那哇，受元帝忽必烈的国师、萨迦派五世祖师八思八（罗追坚赞）的指派来同仁，其子隆钦多德本建立了政权，成为隆务昂锁（藏语，官职名称），藏传佛教遂进一步为统治者所提倡而兴旺发达起来。明初，隆钦多德本之子散旦仁钦又在这里创建了隆务寺，统领黄南地区的寺院，掌管了政教大权，藏传佛教便开始在这一地区参决政事。

明代中叶以后，藏传佛教的格鲁派（俗称黄教）在青海的势力逐渐扩大，同仁地区的许多宁玛派、萨迦派寺院纷纷先后改宗格鲁派。万历年间，隆务家族出身的夏日噶丹嘉措被认

图1-4 六月会狂欢

六月会狂欢是神汉跳神的场面。六月会是黄南同仁地区的藏族节日，每年藏历六月间举行。主要内容为转嘛呢堆、煨桑、跳神和表演多种地方性的民族舞蹈。

图1-5a,b 隆务寺大经堂二层壁画/后页

隆务寺大经堂的二层有八幅古老的壁画，与一般壁画的不同之处，是这几幅壁画描绘的不是佛像一类的内容，而是一些寺院建筑，据说这些壁画可能描绘的是隆务寺过去盛时的景象。

a

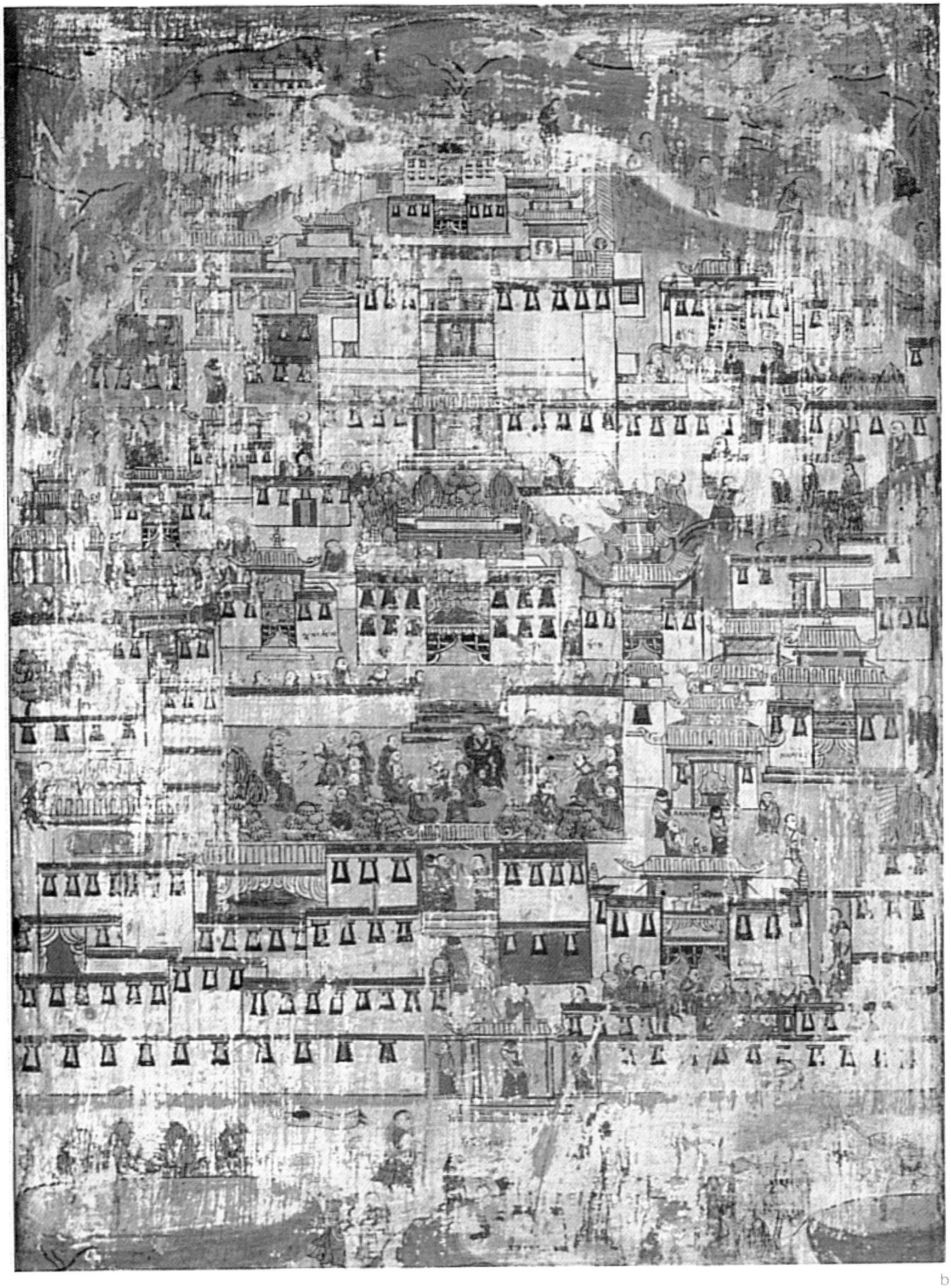

b

图1-6 吴屯上庄寺经堂内部
藏传佛教寺院经堂的内部，柱子比较密集，柱头和梁枋装饰细腻，周围挂满饰物。室内四壁无窗，光线昏暗，与室外形成很大的反差，给人以幽幻、神秘之感。

为是散旦仁钦的转世，在他执掌政教大权之时，隆务寺亦改宗格鲁派，实行灵童转世制，夏日噶丹嘉措即为一世夏日仓活佛。以后，夏日仓系统便成为隆务12部族政教合一统治的领导人，总揽这一地区的政教大权。

在黄南同仁，夏日仓活佛之下设有襄佐（助理），他会同隆务昂锁，代表夏日仓处理隆务地区的政教大事。行政上同仁地区有一套昂锁、千百户统治体系。隆务昂锁是地方封建政权，有法庭、监狱，受命于寺院宗教首领。各部落的头人为千百户，昂锁和千百户均为世袭。在宗教方面则设有大赛池（大法台），代理寺主总揽寺院的教育和日常事务。赛池下设总格贵1人，掌管戒律；总干巴13—15人，直接管理宗教活动，干预政事，是寺院的最高权力机构。

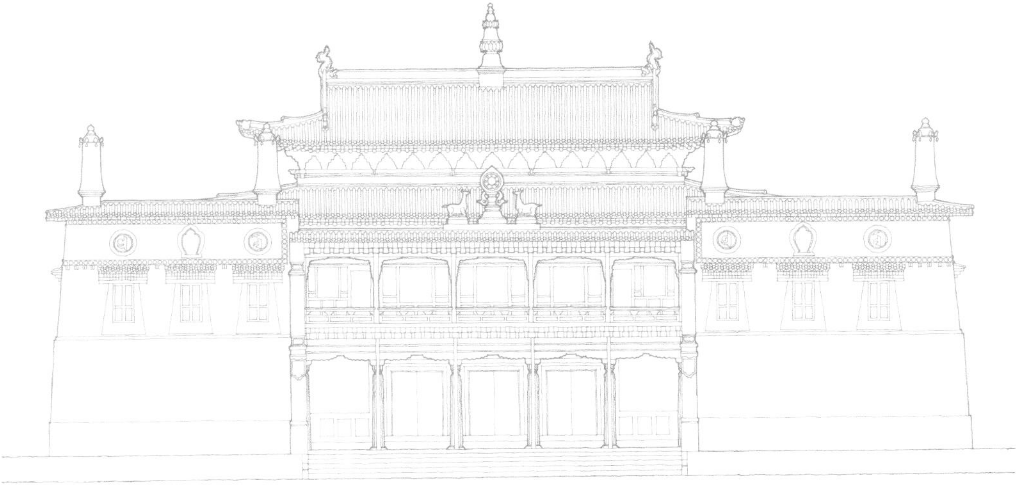

图1-7 六月会藏族姑娘盛装起舞/上图

黄南同仁地区藏族妇女的服装与西藏稍有不同。当地妇女多穿圆领长袍，腰系彩色腰带，背后的装饰物垂至地面，带长串的珊瑚耳饰和项链。背部的装饰物多为银盾，银盾数量的多少代表着财富的多少。

图1-8 隆务寺大经堂正立面图/下图

有清以来，这种政教合一的统治制度又得到了进一步的加强，藏传佛教更加受到尊崇。当地家家信佛，户户有人为僧。致使这一地区僧侣日众，寺院剧增，隆务系统的势力范围也逐渐得以扩大。据1954年有关部门的统计，当时同仁县计有藏传佛寺37座，各类僧侣4756人，占全县人口的14%，有影响的活佛有夏日仓、曲哇仓、隆务仓、阿绕仓、直干仓、堪钦仓、叶什姜仓等等。1958年以后，除隆务寺，吴屯上、下庄寺等10余座规模较大的寺院的主要建筑仍保存以外，余皆毁圮。据初步统计，现在同仁地区各县共有藏传佛教寺院35座，僧侣1300人。

同仁地区还是著名的“热贡艺术”之乡。同仁，藏语为“热贡”。当地以宗教为题材创作的壁画、唐卡、堆秀和雕塑艺术作品，历史悠久，工艺精美，影响较为广泛，在海内外均赢得了很高的声誉。而当地的寺院建筑，也全靠这些“热贡艺术”作品来烘托宗教气氛，加强艺术感染力。

图1-9 郭麻日寺佛殿正立面图

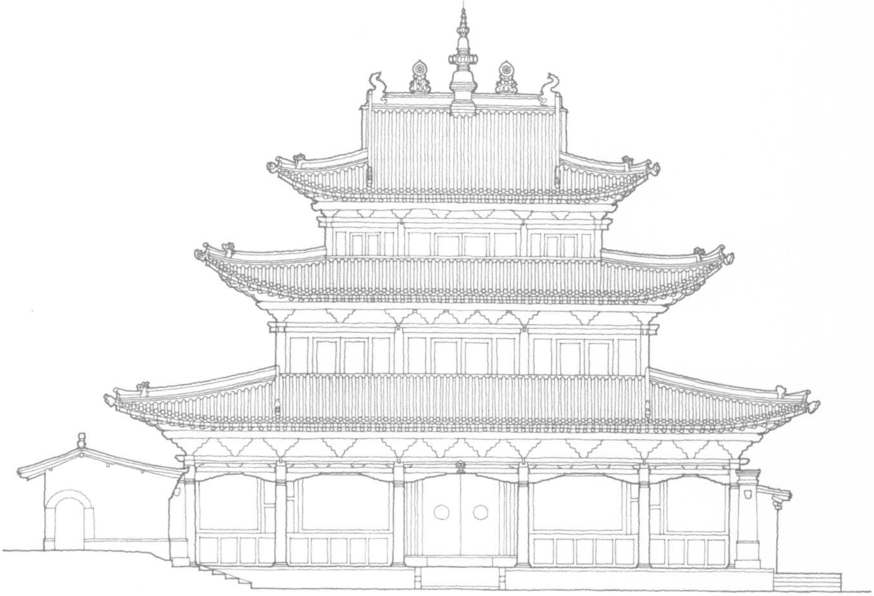

二、各展风采的高原佛寺

黄南同仁地区的藏传佛教寺院多属于格鲁派，与其他格鲁派寺院一样，这里的寺院也注重戒律，僧人也戴黄帽。如隆务寺，吴屯上、下庄寺，年都乎寺和郭麻日寺等等，就都是典型的格鲁派寺院。而这一地区历史最为悠久、规模最大，又始终居于统领地位的佛寺，则还应首推建于隆务河畔的隆务寺。

隆务寺坐落在隆务镇的西山脚下，地处隆务河中游西岸。藏语称“隆务大乐法轮洲”，是黄南藏族自治州最大的寺院。该寺草创于元大德五年（1301年），初为萨迦派寺院，明代以后才逐渐成为显赫一方的格鲁派大寺。

据《安多政教史》记载，明朝初年，隆务昂锁隆钦多德本的长子散旦仁钦自幼出家，曾拜青海藏传佛教名寺夏琼寺的创建人曲结顿珠仁钦为师学经，并受比丘戒。散旦仁钦接任隆

图2-1 郭麻日寺经堂

郭麻日寺的经堂是寺中最重要的建筑之一。经堂高两层，平面呈方形，入口处突出设置门廊，后部接建佛堂，外观壮丽。经堂的门前建有墙垣，墙基做有浮雕装饰。

图2-2 隆务寺大经堂门廊

藏传佛寺的经堂入口处都向前突出设有门廊。在黄南同仁，门廊多为三至五开间。三间的门廊内置大门一通，五间的门廊内置大门三通。廊内大门和柱头梁枋均雕饰彩绘，两侧墙壁画四大天王像。

图2-3 隆务寺扎仓院门

隆务寺扎仓院门是一座汉式的门屋式建筑。平面长方形，三开间，歇山顶，两侧带有回廊。显示出同仁地区的藏传佛教寺院中的建筑风格，受汉式建筑的影响较大。

务昂锁之后，便以当地的萨吉达百户为施主，正式建成隆务寺。其弟罗哲森格佛学造诣精深，受到了明宣德帝的器重，被封为“弘修妙悟国师”，赐黑色金条僧帽，使隆务寺在这一地区声名大振，同时隆务寺也随之得到了很大的发展。至明代万历年间，格鲁派在青海地区日趋兴盛，隆务寺亦改宗格鲁派，并重新修建了大经堂。明天启五年（1625年）明熹宗题赐“西域胜境”匾额，悬于大经堂门首。明末崇祯三年（1630年），第一世夏日仓活佛雅杰噶丹嘉措主持隆务寺时，又在原寺的基础上创建了显宗学院（参尼扎仓）。清乾隆三十二年

（1767年），雅杰噶丹嘉措被朝廷追封为地位仅次于达赖喇嘛和班禅喇嘛的“呼图克图”大活佛，即“隆务呼图克图宏修妙悟国师”，成为御赐加封的隆务寺寺主和隆务寺所属12部族的政教首领，此后历辈转世，直至1949年，在黄南同仁地区行使区域性的政教合一统治。

隆务寺自一世夏日仓活佛修建显宗学院以后，在雍正十二年（1734年），二世夏日仓活佛阿旺赤烈嘉措修建了密宗学院（居巴扎仓）；乾隆三十八年（1773年），三世夏日仓活佛根敦赤烈拉杰又修建了时轮学院（丁科扎

图2-4 吴屯下庄寺
吴屯下庄寺位于吴屯下庄的东侧，寺院规模不大。现存的主体建筑经堂与佛殿一字形排开，经堂的一侧还建有茶炉院，三座建筑围合成一个小广场，用以举行辩经和法会等佛事活动。

仓），从而使隆务寺发展成为显密双修的格鲁派名寺。隆务寺最盛时，僧侣多达2300余人，下辖属寺数十座。隆务寺的学经体系，采用西藏色拉寺的杰巴扎仓教程，并于色拉、甘丹二寺内，设有康村（僧侣的基层组织），供本寺僧人入藏学经时居住。

隆务寺的香火来源，主要为隆务12部族。此外，隆务河流域的其他农牧区同仁、泽库及海南同德的一部分地区，亦为隆务寺的势力范围。1958年前，全寺占地380亩，有大、小经堂31座，活佛昂欠（宅院）43座，僧舍303院，寺僧1712人。寺主夏日仓活佛至今已传八世。主要的属寺有：吴屯上庄寺、吴屯下庄寺、年都乎寺、郭麻日寺、瓜什则寺、扎西其寺、尕沙日寺、卧科寺、当格寺等等。

图2-5 吴屯上庄寺经堂
吴屯上庄寺初创于明洪武十八年（1385年），历经数度修建，现存的经堂与佛殿均为较典型的藏式建筑。经堂除中部做歇山顶外，均采用藏式平顶，檐口做有两重边玛草饰带。

图2-6 吴屯上庄寺经堂后部佛堂的二、三层
吴屯上庄寺经堂的后部也接建有佛堂，佛堂高三层，是典型的藏式建筑，外墙涂成红色，内部供有数尊高大的泥塑造像。

隆务寺依山而建，布局错落有致，建筑宏伟壮丽。现有大、小经堂、灵塔殿、嘛呢殿、护法神殿和活佛昂欠等等。其中大经堂位于寺院中央，建筑面积1700多平方米，内有巨柱18根，短柱146根，供有释迦牟尼等十余尊塑像，是全寺最大的建筑。

吴屯上庄寺亦称“森格央上寺”（藏语“华丹群觉林”，意为“吉祥法财洲”），地处隆务镇以东的吴屯上庄东侧。该寺的前身为“投毛寺”，约建于明洪武十八年（1385年）。明末，第四代寺主智格日俄仁

图2-7 隆务寺夏日仓活佛昂欠

夏日仓活佛的昂欠依山而建，十分豪华，建有高低错落的套院数重。有用于居住办公和接待宾朋的，也有供所养僧侣使用的，昂欠中还建有夏日仓自己的经堂和佛堂。

巴玛海木达瓦，拜一世夏日仓活佛为师，吴屯上庄寺遂成为隆务寺的属寺，改宗格鲁派。现有大经堂、弥勒殿和护法殿各一座，活佛昂欠二院。

吴屯下庄寺亦称“森格央下寺”（藏语“格丹彭措曲林”，意为“具善圆满法洲”），位于隆务镇以东吴屯下庄的东侧。据传吐蕃赤热巴巾时期藏军在此戍边，曾建一小寺。明末一世夏日仓活佛的经师东科多吉嘉措扩建了此寺，并使其改宗格鲁派。后一世夏日仓活佛的弟子智格日俄仁巴主持该寺时，才正式建成吴屯下庄寺。吴屯下庄寺与吴屯上庄寺的规模相差无几，现有大经堂、弥勒殿、护法殿各一座，活佛昂欠五院。

吴屯上、下庄寺的僧人都非常擅长绘画和雕塑，数百年以来出过不少名家高手。现在全国十大工艺美术艺术大师之一的老画家夏吾才让先生，早年就是在吴屯上庄寺出家为僧学画成名的。所以吴屯上庄寺又有“热贡艺术学校”之美誉。

图2-8 年都乎寺弥勒殿内佛龛/对面页
弥勒殿内除了主尊造像之外，殿内的四周一般都建有许多佛龛，供奉佛、菩萨等塑像。此尊佛像通体金光灿烂，神态雍容慈祥，背光的制作也十分精细。

郭麻日寺（藏语“郭麻日噶尔噶丹彭措林”，意为“郭嘛日具嘉圆满洲”），坐落在隆务镇以北年都乎乡的郭麻日村。郭麻日寺初建于明万历年间，是隆务寺叶什姜活佛的属寺。从一世郭麻日仓活佛洛桑切丹拜一世夏日仓活佛为师起，历代寺主均为隆务系统的活佛，其中六世郭麻日仓活佛洛桑丹增嘉措曾任隆务寺的大法台，七世郭麻日仓活佛洛桑群佩隆噶嘉措曾任隆务寺时轮学院的堪布（住持）。现在郭麻日寺尚存大经堂、弥勒殿和活佛昂欠4院。

图2-10 吴屯上庄寺经堂剖面图

图2-9 吴屯上庄寺经堂立面图

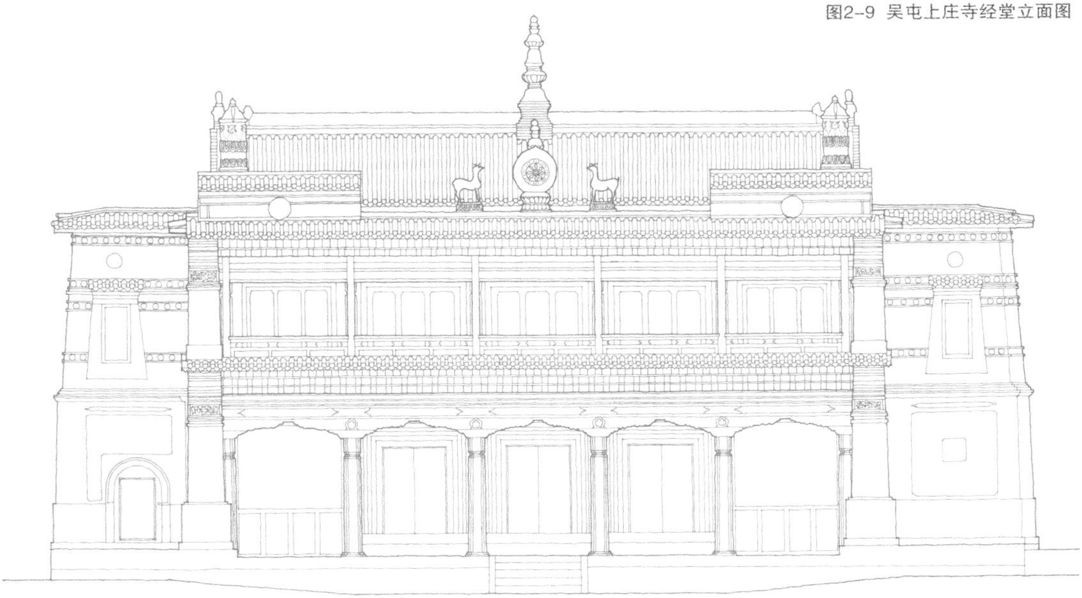

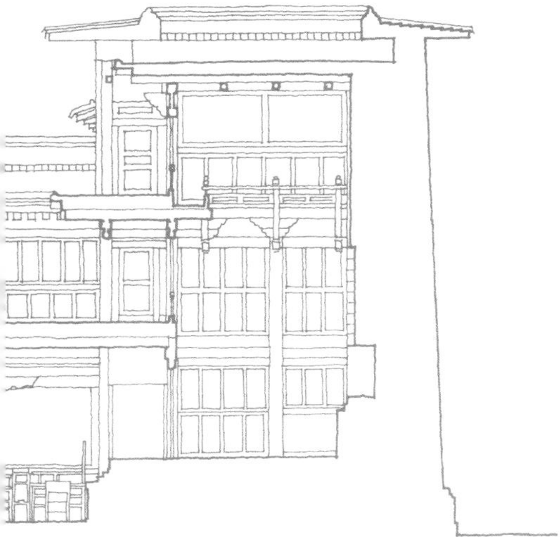

年都乎寺（藏语“年都乎噶尔扎西达吉林”，意为“年都乎吉祥兴旺洲”），地处隆务镇以北年都乎乡的北山脚下，是隆务寺堪钦活佛的属寺。按《安多政教史》记载，该寺本由丹智钦初建，三世夏日仓活佛主持隆务寺时，应当地僧侣之请，由隆务寺的二世堪钦活佛根敦嘉措接任住持，自此堪钦活佛历代相承，共历五世，年都乎寺亦随之成为隆务寺的属寺。现该寺有大经堂、弥勒殿、密咒房、活佛昂欠等各1座。该寺的僧人亦有绘画传统，多出艺人，其中尤以堆绣艺术作品著名，做工精致、色彩绚丽，寺中所藏巨幅堆绣释迦牟尼像，堪称热贡藏传佛教艺术之珍品。

三、严整有序的组织构成

藏传佛教寺院的组织形式，一般分为寺院、扎仓和康村三级。其中扎仓是基本单位。扎仓藏语意为“学院”，是完整独立的僧侣组织，扎仓有自己的经堂、佛像和僧伽、学法系统。扎仓之下为康村，意为“按地域划分的组织”，僧人参加扎仓，均按其家乡地域编入一定的康村组织聚居，类似僧人小组。而寺院则常常由数个扎仓组成，是若干扎仓的联合体。同仁的隆务寺即有所谓三大扎仓：闻思学院、密宗学院和时轮学院（天文学院）。但是，也有许多小寺只有一个扎仓，如吴屯上、下庄寺等。

在一座大型寺院中，其建筑组织构成除了全寺的大经堂之外，各扎仓还有自己的经堂，另外还有若干的佛殿（藏语称“拉康”）、护法神殿（藏语称“衮康”）、高僧的灵塔殿（藏语称“却康”）、佛塔（藏语称“乔登”）、跳神院、赛佛台，以及活佛的昂欠和

图3-1 隆务寺灵塔殿
隆务寺的灵塔殿内供有一座嵌满各种宝石的银质灵塔，环绕灵塔殿的四周设有一圈转经筒，是当地居民日常礼佛转经的主要处所之一。

图3-2 年都乎寺经堂二层藏经处

藏传佛教寺院中多藏有大量藏文经书，年都乎寺的经书藏于经堂的二层，该处四壁做有书橱，存放着众多的经书，供寺内僧人阅读。

图3–3 年都乎寺经堂与弥勒殿
经堂与佛殿是藏传佛教寺院中最重要的建筑。年都乎寺的经堂是一座较为典型的小型藏式建筑，而佛殿则受汉式建筑影响，为多层木构楼阁。经堂与佛殿成直角布置，围合成一个小广场，以供举行室外佛事活动之用。

众多的僧舍等等。按使用功能的不同，这些建筑可以分成佛事活动用房、居住生活用房和与法会活动相关的建筑三大类。其中佛事活动用房，特别是经堂和佛殿等是寺院建筑群中的主体，也是主要的日常宗教活动场所。所以它们无论是在造型艺术上，还是在工程质量上，均高于其他的建筑，在寺院空间组织布局中也居于显要的位置。

在黄南同仁地区，藏传佛寺的建筑组织构成亦是如此。这里寺院的经堂常由前廊、经堂和佛堂三部分组成。完整的经堂一般多用前廊围合成院落，形成辩经、跳神的活动场所。院内设煨桑炉。院门的形制依经堂的规模而定，规模越大，院门越宏伟。隆务寺大经堂的院门作歇山顶，廊内绘有佛教题材的绘画，前廊与经堂围合而成的院落，可容纳数百人，专为举行盛大的辩经和法会活动而设。在同仁地区，主体建筑经堂和佛堂常常接建在一起，内部空间或完全贯通，或正面隔开，侧门相通，但是无论如何在建筑意

图3-4 隆务寺护法神殿内不动明王

隆务寺的护法神殿内供有本寺的护法神不动明王。不动明王本是大日如来身边的僮仆，也叫常住金刚，他是受如来的教令而显现忿怒形，以喝醒和吓退魔障，有大盛势之真言。

图3-5 郭麻日寺经堂与佛殿之间的转经廊/后页

转经廊也叫嘛呢葛拉廊。嘛呢是佛教六字真言唵、嘛、呢、叭、咪、吽的简称，是藏密莲花部的根本真言。转经筒上多刻有六字真言，所以安放转经筒的廊房便也被称作嘛呢廊了。

图3-6 吴屯上庄寺执法堂/上图

执法堂设在经堂的二层。内部佛龛中供有欢喜佛，被布幔遮挡得严严实实，四壁尽绘鬼魅，气氛森严。这里是寺中举行藏密仪礼和严律省身的地方，外人禁止入内。

图3-7 吴屯上庄寺经堂内众僧诵经/下图

黄南同仁地区寺院中的僧人每日都要集体诵经，诵经时坐在经堂内通长的坐垫之上。照片是吴屯上庄寺僧人手捧斋饭诵经的场面。

图3-8 郭麻日寺前佛塔

藏式佛塔，俗称喇嘛塔，造型与汉式塔有明显的区别。郭麻日寺前的佛塔，是目前同仁地区最大的佛塔，塔身白色，装饰极为复杂，刹顶镀金，装有金铎，造型颇有特色。

匠上，还是把这两部分作为一个整体来进行处理的。经堂的平面呈方形，面积的大小取决于寺内僧人的多少。因为这里是僧众学经和讲经的地方，故沿进深方向在地板上铺有数排通长的坐垫，以供僧侣坐在上面诵经。经堂的正面布置活佛讲经的座位。两侧设置各种佛龛，供宗喀巴、菩萨像或本寺的前世活佛。后部与经堂相连的佛堂内，多供奉本寺或本扎仓所宗之佛，这里的佛像均十分高大，故佛堂部分多为两层至三层通高，上部屋顶做成歇山式。

佛殿、灵塔殿等建筑属于同一类建筑，也是藏传佛教寺院中重要的建筑物之一，只是其内部供奉的主尊造像有所不同而已。在黄南同仁，佛殿也称作“弥勒殿”，内部主要供奉佛像，灵塔殿则供奉佛骨舍利、活佛的肉身像和灵塔等物。佛殿、灵塔殿等的平面，亦近似于方形，周围多附设嘛呢噶拉廊（装有转经筒的廊房），也有贴墙安置嘛呢噶拉转经筒的，是普通百姓拜佛转经的主要场所。佛殿、灵塔殿内所供奉的佛像和灵塔，一般都很高大，均超过十余米，所以佛殿及灵塔殿的内部，即做成一个多层通高的大空间，前部入口处设门廊，外观呈多层重檐的楼阁形。

在属寺、支寺等只有一个经堂和佛殿的较小寺院中，经堂和佛殿多平行排列，或成90°直角围合布置，以形成小广场用于法会等佛事活动。而在较大的寺院中，由于建筑密度较大，且各个建筑建造的年代不同，多数经堂和佛殿即呈不规则的布局形式。

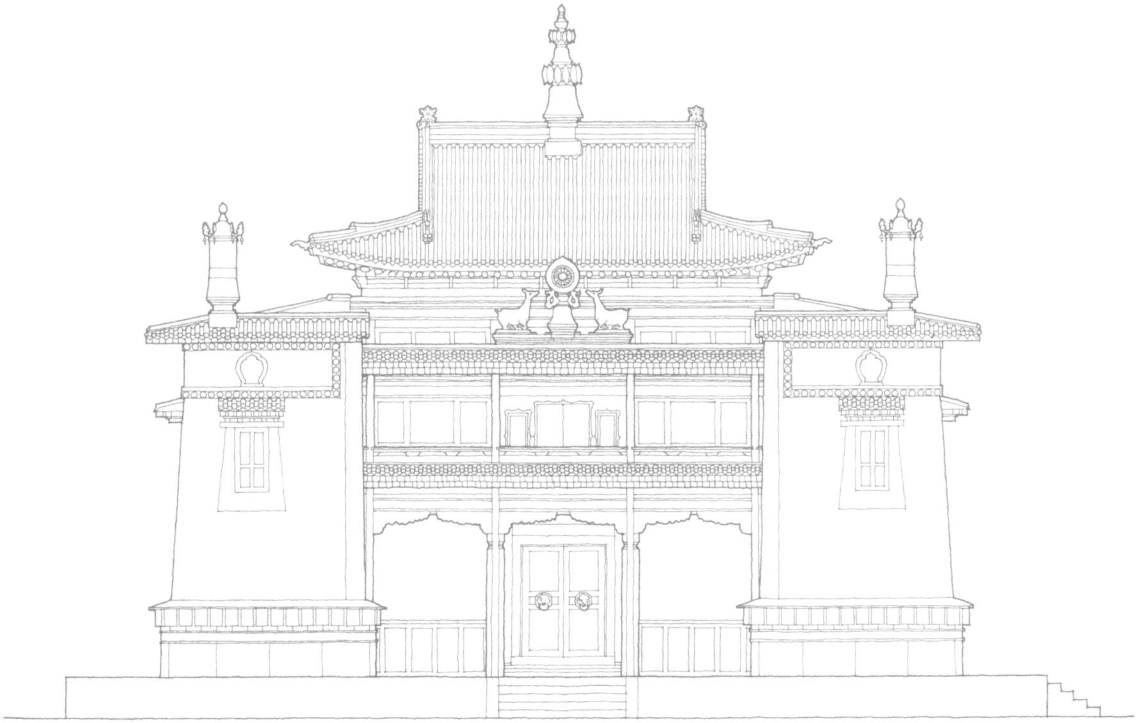

图3-9 隆务寺灵塔殿立面图

护法神殿也与佛殿相似，但内部供奉的是面目狰狞的护法神像。按藏传佛教密宗教义，这些凶恶的护法神，是佛或菩萨变化的“忿怒身”。意在震慑邪恶，保护正法，使人惊悟，从而改邪归正。护法殿分为三种，一种是保护整个藏传佛教的。第二种是寺院的总护法神殿，多于大寺中单独设置，保护全寺及这一地区的正法。第三种是扎仓的护法神堂，多设于扎仓经堂的一隅。在黄南同仁，扎仓的护法神堂还是严律省身和举行藏密仪礼的地方，所以也称作“执法堂”，是寺院里最神秘的地方。这里供有“欢喜佛”，四壁绘满鬼魅，气氛森严，外人不得进入。

此外，生活居住用房中，活佛的宅院昂欠在寺院中占有非常重要的位置。每座寺院都有数院活佛的昂欠，各个扎仓亦是如此。活佛的地位越高，宅院也就越宏伟，豪华的昂欠院内还多建有活佛个人的经堂和佛殿。隆务寺夏日仓活佛的昂欠就十分考究，建有数重院落和经堂，家中所养僧人甚众。而普通喇嘛居住的僧舍就简单多了。在黄南同仁，僧舍多为“土房”，系夯土墙身，木构平顶，造型朴实，与当地民居相差无几。

四、宏伟壮观的经营布局

黄南同仁地区藏传佛寺的建筑群体布局，与其他地方的大多数藏传佛教寺院一样，呈自由发展式的布局形式。它们与汉化佛寺的差异较大，没有严整的轴线空间序列，而是一大片高高低低，大大小小的建筑汇聚。建筑群体外围的形状也很不规则，看上去似乎杂乱无章，但实际上，这是由于寺院经过长时间的陆续修建而逐渐形成的结果。但是这种自由发展式的经营布局，多是根据寺主心目中的蓝图，因地制宜地按照建筑物的等级秩序和重要程度，来依次建筑的。故此，建筑群体空间的组织，既灵活多样，又能在变化之中求得统一，显现出强烈的民族地方特色。

图4-1 隆务寺全景/前页
隆务寺建在隆务河畔的山脚坡地之上，主体建筑经堂、佛殿、灵塔殿等依山势居于显要位置，四周为僧舍所环绕，高低错落，形成一组雄伟壮观的建筑群。

图4-2 隆务寺南侧山门
隆务寺南侧山门在隆务镇的最南端，是一座过街楼式的象征性的山门。山门的下部采用藏式，而上部的楼阁则用汉式，造型别致。

在藏传佛教寺院中，经堂、佛殿等重要的佛事活动建筑的平面形式，多近于方形，独立建造，且在四周留有通道。这是因为信仰藏传佛教的僧众除了在经堂、佛殿中举行佛事活动以外，还有一项非常重要的事情——转经。所

图4-3 隆务寺建筑群

藏传佛教寺院的群体空间多呈自由式布局，并具有山地建筑特征，借山势层叠上升，气势磅礴，轮廓丰富。金碧辉煌的佛教建筑在阳光的照耀下，给人以光辉灿烂的视觉感受。

谓转经，就是每转一圈，就相当于念经一遍。转经时沿顺时针的方向，手持转经筒，口诵六字真言，绕着经堂转，绕着佛殿转，绕着喇嘛塔转，绕着寺院转。无论是僧家，还是世俗之人，遇有机会都会转上一转。这样久而久之，这一活动便对藏传佛教寺院的建筑经营布局产生了很大的影响。在寺院群体空间组织中，为了安排转经的通道，各主要建筑经堂、佛殿等就必须自成体系，形成各自独立而不相互毗连的格局。同时，这种设置转经路径的要求，也正好与主体建筑平面的方形化相吻合。

黄南同仁地区藏传佛教寺院布局的另一特色，是在寺院中均以造型华丽的经堂、佛殿等大体量的建筑为核心，对整个建筑群体的空间起控制作用，再在主体建筑的四周围合以僧舍。按照当地的佛寺之规，刚出家学佛的小阿卡（喇嘛）可与其师傅住在一起，但是，学成独立之后，即要由其家人在寺中为他另盖僧舍一院。所以寺院主体建筑经堂、佛殿的周围，就会被一层层不同时期建造的僧舍所环绕，形成众星捧月之势。在这种情况下，寺院多数是开放型的，没有明显的规则边界。例如隆务寺就没有围墙，它与隆务镇的民宅混建在一起，成了聚落的一个有机组成部分。这不但与寺院历经数代的自由发展历史相关，而且也满足了众多信徒们日常诵经礼佛的需要，周围的居民可以很方便地从不同的方位便捷入寺。较小的寺院则常常被村庄包围，经堂、佛殿等单独建造，僧舍散布村中。当然，也有个别的寺院建有围墙，将佛界与尘世划分开来，如吴屯上、

下庄寺就建有夯土围墙，这显然是受到了汉地佛寺的影响。

图4-4 吴屯上庄寺山门
同仁地区的藏传佛教寺院有些也建有围墙，将寺院与俗界划分开来。吴屯上庄寺即建围墙设山门，它与隆务寺象征性的山门不同，是一座真正的大门，但吴屯上庄寺山门的规模很小，形制也极为简单，与普通的院门很相似。

此外，黄南同仁的藏传佛寺在总体布局上还颇具山地建筑的特色。建筑群体的经营组织，多结合当地山峦起伏的自然特征，高低错落地布置于山前的平缓地带，或是山坡之上。寺前留有较平坦的开阔地，寺院背山面水，借山势层叠上升，构成磅礴的气势。以体量高大的经堂和佛殿等主体建筑控制全局，用喇嘛塔做点缀，形成一种轮廓丰富、高下起伏的群体空间造型效果。

总的来说，较为华丽的经堂、佛殿、昂欠等多居于高处，对整组建筑群起统领和控制的

图4-5 年都乎寺鸟瞰

年都乎寺建在年都乎乡的北山脚下，地势较为平坦，起伏较小。然而寺院的群体空间组织仍是以经堂和佛殿为中心，周围被僧舍层层环绕，呈众星捧月之势。

图4-6 隆务寺夏日仓活佛昂欠宅门

隆务寺夏日仓活佛的昂欠建在隆务寺的西南部，地处高坡之上，宅院数重，外有围墙环绕，宅门为汉式重檐歇山顶，门两侧立嘛呢杆，十分醒目。

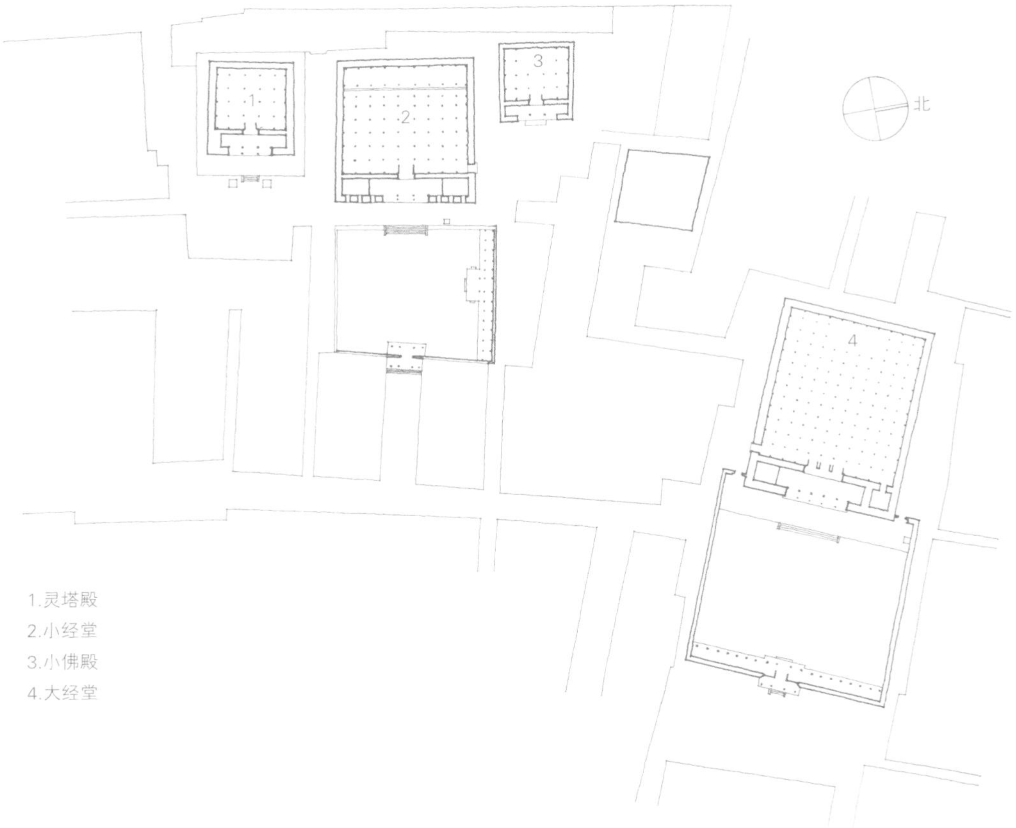

1.灵塔殿
2.小经堂
3.小佛殿
4.大经堂

图4-7 隆务寺大、小经堂建筑群体平面图

作用。普通的僧房则成片地布置在经堂、佛殿周围较低的地方，或是扎仓的侧后部。寺院中地位越高的建筑，占据的地势也越高，其体量也相应较为高大，再加上经堂、佛殿、昂欠等建筑前设置的嘛呢杆，这就使其构成了建筑组群的重心所在和纵向制高点，远远望去极为醒目。而其四周的等级较低的普通僧舍，则多是平房。成片的僧舍形成一层层的横向线条，烘衬、拱卫着主体建筑，随山就势，蔚为壮观。而那些从错落有致的白色僧舍中突现出来的金碧辉煌的经堂、佛殿，则更给人以光华灿烂、卓尔不群的强烈视觉感受。

五、虚幻迷离的佛国氛围

在藏传佛教寺院中，宗教气氛的创造，主要依赖于经堂、佛殿、灵塔殿和佛塔等建筑的空间造型。它们多运用宗教建筑所特有的室内外空间处理手法，以及内部陈设，与装饰、光线、色彩的应用，将朝圣者推向神秘莫测的宗教氛围之中。而宗教建筑，也正是通过营造这种宗教气氛，给人以宗教所需的精神影响。所以在大多数的藏传佛教寺院里，经堂、佛殿、灵塔殿、护法神殿等建筑的空间造型就非常接近，多采用碉房式结构和藏式建筑的处理手法。但是，在黄南同仁地区，经堂、灵塔殿与佛殿，在建筑结构造型上，却有着较大的差异。这是因为这里的佛寺受到了汉式建筑的影响。

在黄南同仁，寺院中的佛殿和门廊等建筑，已采用了汉式木构体系的做法。高大的佛殿为了在内部创造一个通高的竖向空间，除了在入口处保留着藏式建筑的柱式

图5-1 吴屯下庄寺弥勒殿室内
佛殿在同仁地区也称弥勒殿。吴屯下庄寺的弥勒殿外观呈三重木构楼阁，内部中央是一个通高的大空间，四周为一层，较为低矮。中间供有一尊弥勒，周围的佛龛内还供有多尊佛像，墙面绘满壁画，整个室内雕梁画栋，十分华丽。

图5-2 隆务寺小佛殿

隆务寺的小佛殿在隆务寺小经堂的旁边，建筑体量较小，采用藏式建筑造型，四周环设附墙转经筒，入口大门为金色装饰纹样

图5-3 隆务寺小经堂及辩经坛

隆务寺小经堂前的广场上建有辩经坛，木构瓦顶，两侧连建廊子十间。辩经坛是寺院举行辩经活动时的讲坛，也是法会活动的场所。

和细部处理手法之外，其大小结构承袭了汉式楼阁的做法和形式。而较为考究的扎仓和昂欠的大门，更完全是一座汉式的门屋式建筑。只有经堂和灵塔殿等建筑，才采用较为正宗的藏式建筑造型。所以，从某种意义上讲，黄南同仁地区的藏传佛教建筑是属于藏汉混合型的。但是在这里，汉式建筑的影响仅限于一些单体建筑，如年都乎寺、郭麻日寺中的佛殿，及隆务寺大经堂前的门廊等等。而整个寺院建筑群体的组织方式，建筑内外空间的处理和细部装修的做法，仍然是较为典型的藏式手法，与内地的汉藏结合式的藏传佛寺还是有着明显区别的，特别是这里的经堂，始终都保持着藏式建筑的传统，民族风格和地方特色都极为突出。

经堂是黄南同仁寺院中体量最为宏伟高大的建筑，超常的尺度和庄严的外观显示出神圣而不容侵犯。经堂的结构采用木构梁柱承重体系，墙体仅起围护作用。这明显是受到了汉式木构梁架的影响，而与那种由木构梁柱和墙体共同承重的正宗藏式结构不尽相同。经堂的立面处理采用的是藏式宗教建筑最为典型的模

图5-4 郭麻日寺经堂内部
郭麻日寺的经堂与藏传佛寺的绝大多数经堂一样，内部十分幽暗，地板上铺有通长的坐垫，四壁绘满壁画，梁柱间悬挂的幔帐、唐卡琳琅满目，充满神秘的宗教气氛。

图5-5 隆务寺大经堂中部通高部分/对面页
藏传佛教寺院经堂内部的中央都有一处拔空的地方，在这一通高的竖向空间之内，顶部开有高侧窗，挂有悬幢、布幔等器物。由于经堂内部光线很暗，通高部分就与四周形成了鲜明的对比，成为引人注目的所在。

式。正面横向分成三部分，两侧为实墙，开藏式梯形窗，上下收分很大，檐部做边玛草饰带，上装铜质梵文饰物（也称作“边坚”）。中间下层是三至五开间的门廊，廊内镶有四大天王唐卡，上层做凹廊阳台。盝顶的檐口处，置有镏金法轮，四角设法幢。整座建筑的外观呈“两实加一虚”的格局，两侧的实墙厚重敦实，中间门廊通透华丽，显得凝重而庄严，带有十分强烈的宗教意味。而经堂的内部空间，为了配合宗教的需要，处理手法更是独具特色，可说是黄南同仁地区藏传佛教建筑中最具有魅力的地方。

黄南同仁地区的经堂后部，都连建着一个数层通高的高大佛堂，两部分紧密地连接在一起，构成一座空间贯通的整体建筑。前面经堂的平面呈方形，中间向上拔起，两层通高，上部开有采光侧窗。这样整座经堂的内部空间便形成了两个重心，即前部经堂拔起的采光天井和后部佛堂的主尊造像处。

图5-6 隆务寺灵塔殿内佛龛

隆务寺灵塔殿的内部四壁设有大大小小的众多佛龛，佛龛中供有大小金佛数百尊，被称作千佛龛。

图5-7 年都乎寺弥勒殿
年都乎寺的弥勒殿与同仁其他寺院中的弥勒殿一样，是一座汉化了的木构楼阁，五开间三重檐，内部供有一尊近13米高的大佛。

事实上，藏传佛寺的经堂内部光线都非常昏暗，建筑的外墙完全封闭，梯形窗纯属装饰，并不起采光和通风的作用，殿堂内部的采光几乎全部依靠中部拔起处的高侧窗。这种四周低矮、光线暗淡，中间拔起升高的空间处理手法，被称作“都纲法式”，广泛地应用在藏传佛教建筑之中。在这第一处通高的竖向空间之内，通常多布置佛龛，挂满布幔、悬幢等器物。这样从高侧窗投下的光线照射其上，便会形成五彩缤纷的光影变幻，而与四周幽暗的环境形成鲜明的对比。再加上经堂四壁和柱身上镶挂的唐卡、堆秀，以及昏暗中摇曳的酥油灯光等等的渲染，就更加突出了经堂内部的宗教神秘气氛。而经堂后部主尊造像所在的佛堂，则是内部空间处理的第二个重心。

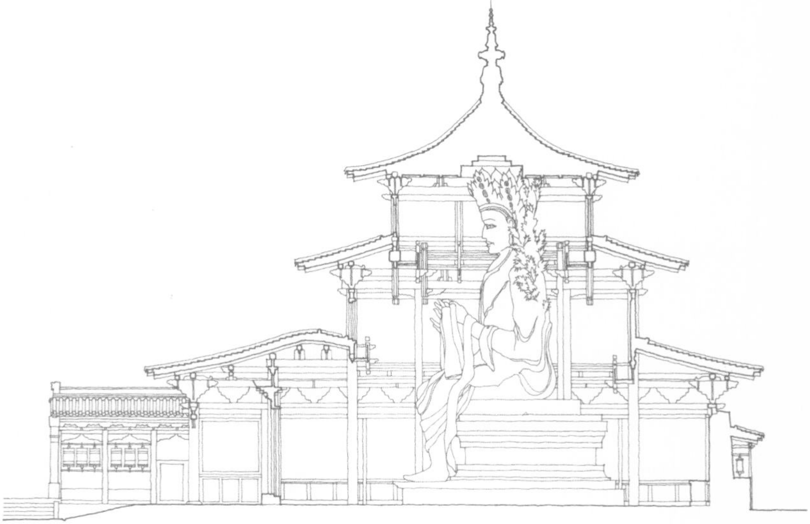

图5-8 郭麻日寺佛殿剖面图

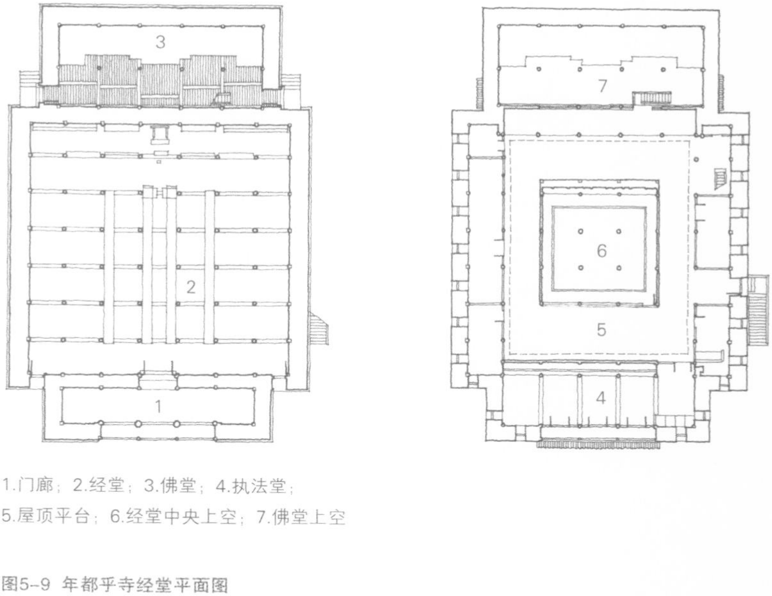

1.门廊；2.经堂；3.佛堂；4.执法堂；
5.屋顶平台；6.经堂中央上空；7.佛堂上空

图5-9 年都乎寺经堂平面图

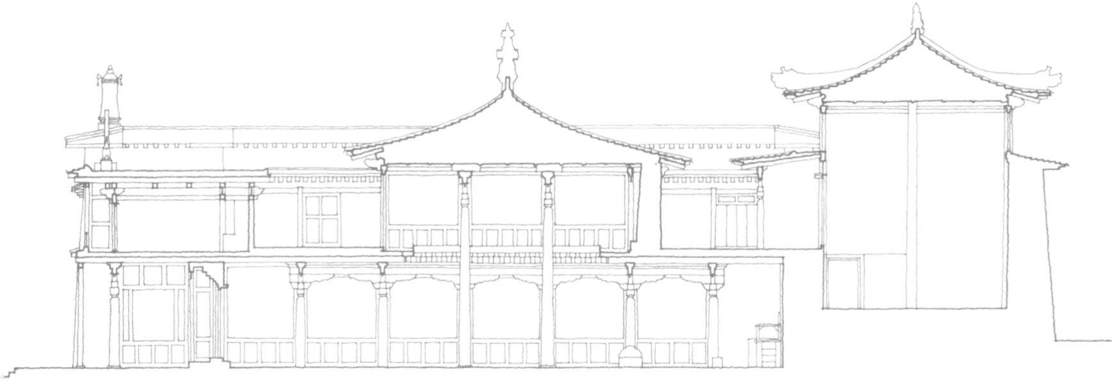

图5-10 年都乎寺经堂剖面图

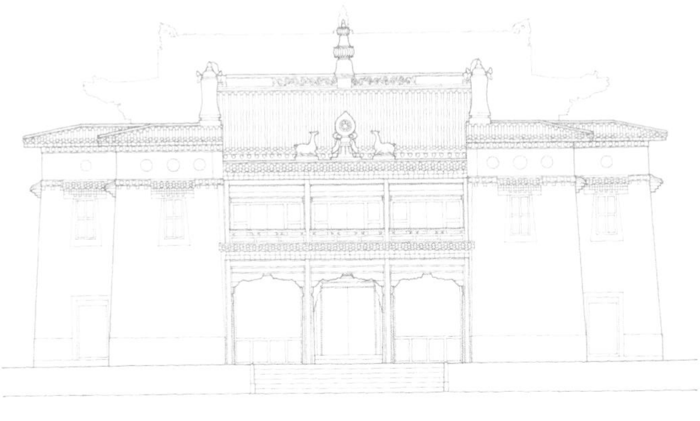

图5-11 年都乎寺经堂立面图

佛堂与单独设置的佛殿一样，进深都很窄小，内部数层通高，供奉着巨大的佛像。人入其内，被迫仰视高大的造像，会顿觉自身的渺小。而从佛堂上部高侧窗射入的光线，却正好照在佛像的脸部，给圣坛上的造像涂满光辉，在由上而下愈暗的空间环境之中，佛像真像是头顶光环的显圣至尊，整个环境氛围给人以“举世皆暗唯有佛光”的敬畏压抑和高深莫测的感受。总的来说经堂的内部空间组织，就是充分地利用竖向空间与横向空间的穿插变化，以及内部的装饰陈设和光线、声色等等诸多要素，去创造一种幽冥、迷离的宗教氛围，从而对信徒们的心灵造成感官震撼，使人虔心诚服。

六、金碧辉煌的装修细部

精美的装修和靓丽的色彩，是藏传佛教建筑的重要特色之一，同时它们也为藏传佛教建筑增添了十分迷人的魅力。在藏传佛教寺院中，装修饰物的内容，大都含有宗教意义，紧扣弘扬佛法的主题，它们对烘托空间环境气氛起着不容忽视的作用。在黄南同仁，装修最豪华、饰物最为丰富的建筑，大概就要算经堂、佛殿和灵塔殿了。其中经堂和灵塔殿的装饰等级最高，佛殿次之，但是佛殿的内部装饰却极为华丽，雕梁画栋颇有地方特色。这里的佛殿外檐多做汉式清水瓦屋顶，较为朴实，仅在屋脊的正中置倒钟莲花盘和一些简单的装饰物。而经堂和灵塔殿的外檐装修，则采用复杂的藏式边玛檐口的做法，并饰有大量的镏金饰物。

边玛檐口是最具有代表性的藏式建筑装修做法。它是用柽柳（一种灌木）填充墙体的檐部。被红土染过的边玛草，一捆捆断面朝外地

图6-1　年都乎寺经堂檐口的镏金饰物

年都乎寺经堂檐口的镏金饰物为莲花倒钟和法轮卧鹿。法轮卧鹿象征释迦牟尼在鹿苑初次说法，是具有宗教意义的吉祥饰物。

图6-2 郭麻日寺经堂柱头
藏传佛教建筑的柱头和梁枋是室内装修的重点，装修大量用金，色彩绚丽，手法细腻，颇有地方特色。

整齐排放在黑底白圆点的箍匝之中，形成粗糙浑厚的暗红色横向饰带。宽宽的饰带中间，通常还镶有铜皮镏金的“边坚”，内容多为佛八宝、法轮和梵文等等。边玛檐口的做法等级很高，普通建筑是绝对不允许使用的，它象征着至高无上的神权，在白色墙身的映衬下，为寺院平添了不少的魅力。

高等级的藏式佛教建筑，除了采用边玛檐口的做法以外，还在屋檐之上装饰镏金的法幢、法轮、卧鹿等吉祥厌胜之物。法轮一般设在屋顶的中央，代表释迦牟尼。法轮的两旁有卧鹿一对，是释迦牟尼的弟子。雄鹿居右，为舍利弗，雌鹿在左，为目犍连，象征着释迦牟尼在鹿苑初次说法——转轮法。同时，它也提醒人们世间之事轮回无常，应及早皈依佛门，以便将来进入极乐世界。法幢多设在屋顶的四角，幢身上刻有经文、瓔珞，表示尊胜之意，暗示佛法的尊严和战无不胜。这些富有宗教含义的镏金饰物，均为铜皮打制而成，在太阳的照射之下，金光耀目，将寺院装点得富丽堂皇。

按照藏传佛教教义的规定，格鲁派的经堂外墙要刷成白色或淡黄色，佛堂刷成红色。上部做深紫色的边玛檐口，梯形窗框的四周和门洞要涂以黑色，而入口大门则漆成大红色，建筑外表色彩鲜明，对比强烈。黄南同仁地区的藏传佛教建筑还用“香布”吊挂在门窗之上，以保护门廊室内的彩画不受风吹日晒。香布多为白色，随风飘荡，如水波起伏滚动，优雅动人。经堂、佛殿等建筑的入口处，还悬有厚重的黑色门帘，称为“氆氇”，上面绘有白色的法轮、卧鹿等图案，其功用与香布一样，也是为了遮挡阳光而设。但是，在一些较小的寺院，如郭麻日寺、年都乎寺等等，却用芦席来代替香布和氆氇，虽然也起到遮阳的作用，然则装饰效果大为逊色。

藏传佛教建筑的内部装修，多集中在梁柱节点和门廊等处。与其他地区的藏式建筑一样，黄南同仁的佛教建筑，也是采用柱顶上设置坐斗、垫木和弓形肘木，并以之承托上面的梁枋，梁枋上再出挑平椽的构造做法。而这些

图6-3 吴屯下庄寺弥勒殿入口门廊/对面页
在黄南的同仁地区，佛殿虽然外观十分朴实，但内部装修却非常考究。吴屯下庄寺佛殿的入口门廊就是装修的重点部位，大门的装修典雅工细，雕饰精湛，门的两侧绘有四大天王的壁画，门首做有毗卢罩。

金碧辉煌的装修细部

图6-4 隆务寺大经堂门廊
/前页

经堂的门廊是藏传佛教建筑中装修的重点。隆务寺大经堂的门廊五开间，内设大门三通，门廊的装修较为简洁，墙面绘壁画，门首柱头雕饰精美，富丽堂皇。

图6-5 吴屯上庄寺经堂饰物
/上图

藏式佛教建筑的屋顶檐口处都饰有许多铜皮打制的镏金装饰物，吴屯上庄寺经堂檐口的法轮是近年来重新制作的，镀金的法轮在阳光照射之下光彩耀目。

图6-6 郭麻日寺经堂梯形窗
/下图

藏式建筑的檐口多用边玛草饰带做装饰，边玛饰带呈暗红色，上下有黑底白圆点的箍匝，中间镶铜皮镀金的边坚。边玛檐口饰带下面是梯形窗。实际上窗子并非梯形，而只是在窗子周围加上了黑色的梯形边框，据说这种上大下小的黑框象征“牛角”，可带来吉祥。

柱头、梁仿的结合部位，也就同样成了室内装修的重点所在。在这些地方，通常多施有繁复的浮雕和彩绘，其余的露明木构构件，亦涂有油彩。大红色的柱身、金黄色的柱顶、梁枋和群青色的椽子，色彩极为艳丽醒目，雕饰的内容亦与宗教信仰有关，多为卷草、旋花、云纹和禽兽，五彩缤纷，斑驳陆离。这其中最有特色的，是一种被称作“却扎”的装饰图形。却扎象征着经书，由许多小木块叠合而成，依其每个小方块自身的色彩退晕，以及每组却扎之间的色彩更替，形成一种带有构成主义色彩的独特韵律。它被广泛地应用在梁枋之上和门框的周围，是当地人们最常用的装饰母题，也是最富有民族特色的造型图案。

图6-7 年都乎寺佛殿内装修

佛殿的内装修十分精致。年都乎寺的佛殿采用的是汉式木结构，内部梁架露明，用抹角梁和吊瓜柱。既起结构作用，又有一定的装饰效果。梁柱间的彩绘亦非常华丽。

藏传佛教建筑的室内，除了正面安放佛像以外，四壁沿墙还设有佛龛，或绘有壁画，很少有空白的墙面。寺院中壁画的绘制有一定之规：在经堂、佛殿的门廊内，画四大天王像；在室内的两侧，画罗汉像，或是佛、菩萨的传略；而在入口的室内一侧，绘制金刚和护法神像。此外，藏传佛教建筑的室内，还挂有许多唐卡（藏画）、幔帐、悬幡、珠帘等等装饰物，密密麻麻地挤满空间，整个室内纷繁庞杂，令人眼花缭乱，到处都笼罩在迷蒙的宗教氛围之中。

图6-8 隆务寺灵塔殿屋顶镏金法轮图

七、精美瑰丽的热贡艺术

藏传佛教建筑与佛教艺术作品是不可分割的一个整体。无论我们到哪个寺院去参观，都会被那里精细绚丽的壁画、唐卡和形态各异、造型生动的塑像所打动，而由衷地发出赞叹。这些雕塑和绘画艺术作品，不但是寺院中供奉的偶像和装饰物，而且，它们还与经典、礼仪共同组成了一套完整的宗教膜拜体系，给信徒们施加着精神影响，让参观的人们从中得到综合性的艺术享受。黄南同仁地区寺院中的绘画、雕塑艺术，即是这种藏传佛教艺术领域中的一枝奇葩。

黄南同仁地区的佛教艺术，也称“热贡艺术”，当地为宗教服务的绘画、雕塑艺术作品久负盛名。特别是吴屯上、下庄，早在17世纪中叶，就已被誉为是“人人会作画，家家以艺术为职业”的画乡。而在蒙藏僧人中提起“热贡拉索”（同仁画匠），那更是无人不知。几个世纪以来，热贡艺人的足迹遍及青海、四川、甘肃、西藏、内蒙古、新疆，以及印度和尼泊尔等国内外信奉佛教的广大地区，队伍不断壮大，技艺日臻娴熟。他们从西藏的绘画雕塑，四川甘孜的木刻和敦煌艺术之中，汲取了丰富的营养，并结合青海本地的民间工艺，逐渐形成了这一独具地方特色的藏传佛教艺术流派——热贡艺术。

图7-1 唐卡宗喀巴/对面页
宗喀巴是藏传佛教格鲁派的创始人，他的本名叫罗桑扎巴，宗喀巴是后人对他的尊称。宗喀巴规范了藏传佛教的学经顺序，健全了寺院组织和活佛转世制度，提倡遵守戒律，在藏传佛教界倍受尊崇。

图7-2 唐卡释迦牟尼

唐卡也称藏式帛画，它是藏传佛教最为普及的一种宗教艺术品。同仁地区从17世纪开始就画师辈出，所绘的壁画、唐卡久负盛名。此幅释迦牟尼唐卡为吴屯上庄寺所藏。

图7-3 郭麻日寺佛殿内泥塑大佛
黄南的同仁地区被誉为“热贡艺术之乡”，郭麻日寺佛殿内的泥塑弥勒像即是热贡雕塑艺术的代表。此尊弥勒呈菩萨状，仪态生动，背光玲珑剔透，通体镀金，嵌满宝石，雕塑工艺水平高超。

热贡艺术是一种综合性的艺术，主要有绘画、雕塑、堆秀、酥油花和建筑装饰等等，其中尤以绘画、堆秀和雕塑的艺术成就最为突出。

绘画分为两种，一种是壁画，另一种是唐卡（卷轴画）。两种绘画基本一样，只是一个固定在墙上，另一个是画在亚麻布上装裱成卷轴。同仁地区的绘画，在技巧方面，类似于汉族的工笔重彩，一般都采用单线平涂、略加烘染和色块填勾的手法。所用颜料多为不透明的矿物质，如石黄、石绿、石青、朱砂等。画作设色大胆，纯净鲜艳。内容多为释迦、菩萨、度母、护法神、金刚及佛经中的故事。画风华丽，装饰性很强，特别是用金的技巧，尤有独到之处，在同类艺术中可谓别具一格。

堆秀，实际上是一种拼贴画。是将各种不同颜色和质感的布料，剪成需要的形状，在亚麻布上拼贴组合而成。堆绣的内容，亦为佛、菩萨、度母一类的宗教题材。作品的风格也与唐卡比较接近，但是具有更加浓郁的乡土气息。

同仁的雕塑艺术，包括泥塑、砖雕、木刻和酥油花等等。木刻、砖雕应用于建筑细部。酥油花是将酥油调成各种颜色，堆叠塑造成各式各样的人物、花鸟和禽兽等等造型。而泥塑造像才是热贡雕塑艺术的真正代表，是颇富地方特色的宗教艺术。同仁的泥塑造像，继承了藏式造像的艺术风格，也吸收了一些汉地造像的工艺方法。从明代开始，直至今日，一直享誉西北、西南等地，就连北京雍和宫内的

图7-4 隆务寺小经堂天花
隆务寺小经堂的天花采用的是汉式建筑的做法，不同之处只是用藏式绘画的表现方法在天花板上绘制了许多佛教题材的彩绘。

图7-5 郭麻日寺佛殿内酥油花

酥油花也称油塑，是藏传佛教独特的宗教艺术品。它是将颜料调入酥油，再以此塑成各式各样的人物、花鸟等造型。

图7-6 吴屯下庄寺佛殿雕龙柱

吴屯下庄寺佛殿的内装修做工极为精细，室内雕梁画栋，入口处的两根金柱饰有两条飞龙，巧夺天工，令人赞叹不已。

图7-7 吴屯上庄寺佛殿大佛

同仁地区的佛殿之内，主尊造像多为菩萨装的弥勒，故当地的佛殿亦称弥勒殿。吴屯上庄寺内的主尊也是弥勒，但为佛装像，也称如来形，两侧有胁侍菩萨，这显然受到了汉族的影响。

图7-8 郭麻日寺佛殿内胁侍菩萨

塑像，亦有许多出自同仁的工匠之手。在黄南同仁地区，寺院中的经堂、佛殿常用泥塑造像为主体，以营造和强化宗教氛围。这些泥塑造像，尽皆体量高大，造型生动，神态刻画得惟妙惟肖。塑像的服饰衣褶，简练流畅而富于质感。背光和须弥座，既玲珑剔透，又雍容大方。当地的工匠还将镶嵌工艺与雕塑艺术融合在一起，创造出一种带有装饰效果的独特风韵。郭麻日寺和吴屯上庄寺佛殿内的弥勒造像即通体镀金，嵌满金玉宝石，展现出十分高超的工艺水平，可说是仪态生动、塑工精绝之造像的代表。

（图纸：根据天津大学建筑系测绘图改绘）

大事年表

朝代	年号	公元纪年	大事记
元	大德五年	1301年	河州都元帅仲哇帕巴龙树于隆务河畔初创藏传佛教寺院
	至正元年	1341年	曲结顿珠仁钦创建夏卜朗寺
明	洪武三年	1370年	同仁的隆务庄建成隆务寺的前身藏传佛教萨迦派小寺隆务仓
			散旦仁钦在隆务仓的基础上建成隆务寺
	洪武十八年	1385年	吴屯上庄寺初创
	宣德元年	1426年	隆务寺的大喇嘛罗哲森格被明朝皇帝封为“弘修妙悟国师”
	宣德二年	1427年	隆务昂锁受封于朝廷
	万历三十五年	1607年	一世夏日仓活佛雅杰噶丹嘉措出生
	万历年间		隆务寺改宗格鲁派，实行灵童转世制度
			郭麻日寺初创
			隆务寺建成大经堂
			一世夏日仓活佛的经师东科多吉嘉措扩建了吴屯下庄寺，并使其改宗格鲁派
	天启五年	1625年	明熹宗皇帝为隆务寺题赐“西域胜境”匾额
	崇祯三年	1630年	隆务寺建成显宗学院（参尼扎仓）

朝代	年号	公元纪年	大事记
清	康熙十六年	1677年	一世夏日仓活佛雅杰噶丹嘉措圆寂
	康熙十七年	1678年	二世夏日仓活佛阿旺赤烈嘉措出生
	雍正十二年	1734年	隆务寺建成密宗学院（居巴扎仓）
	乾隆四年	1739年	二世夏日仓活佛阿旺赤烈嘉措圆寂
	乾隆五年	1740年	三世夏日仓活佛根敦赤烈拉杰出生
	乾隆三十二年	1767年	一世夏日仓活佛雅杰噶丹嘉措被清廷追封为“隆务呼图克图宏修妙悟国师”
	乾隆三十八年	1773年	隆务寺建成时轮学院（丁科扎仓）
	乾隆五十九年	1794年	三世夏日仓活佛根敦赤烈拉杰圆寂
	乾隆六十年	1795年	四世夏日仓活佛罗桑却扎嘉措出生
	道光二十三年	1843年	四世夏日仓活佛罗桑却扎嘉措圆寂
	道光二十四年	1844年	五世夏日仓活佛桑赤烈嘉措出生
	咸丰八年	1858年	五世夏日仓活佛桑赤烈嘉措圆寂
	咸丰九年	1859年	六世夏日仓活佛罗桑噶丹丹贝嘉措出生
中华民国		1915年	六世夏日仓活佛罗桑噶丹丹贝嘉措圆寂
		1916年	七世夏日仓活佛罗桑赤烈隆朵嘉措出生
中华人民共和国		1978年	七世夏日仓活佛罗桑赤烈隆朵嘉措圆寂

图书在版编目（CIP）数据

青海同仁藏传佛教寺院 / 覃力撰文 / 徐庭发等摄影. —北京：中国建筑工业出版社，2014.10
（中国精致建筑100）
ISBN 978-7-112-17022-7

Ⅰ. ①青… Ⅱ. ①覃… ②徐… Ⅲ. ①佛教-寺庙-建筑艺术-同仁县-图集 Ⅳ. ① TU-098.3

中国版本图书馆CIP 数据核字（2014）第140642号

责任编辑：董苏华 张惠珍 孙书妍 孙立波
技术编辑：李建云 赵子宽
图片编辑：张振光
美术编辑：赵 清 康 羽
书籍设计：瀚清堂·赵 清 周伟伟 康 羽
责任校对：张慧丽 陈晶晶 关 健
图文统筹：廖晓明 孙 梅 骆毓华
责任印制：郭希增 臧红心
材料统筹：方承艺

中国精致建筑100
青海同仁藏传佛教寺院
覃 力 撰文/徐庭发 覃 力 摄影

中国建筑工业出版社出版、发行（北京西郊百万庄）
各地新华书店、建筑书店经销
南京瀚清堂设计有限公司制版
北京顺诚彩色印刷有限公司印刷

开本：889×710 毫米 1/32 印张：$2^{7}/_{8}$ 插页：1 字数：123 千字
2016年9月第一版 2016年9月第一次印刷
定价：**48.00**元
ISBN 978-7-112-17022-7
（24364）